爱上数学 23

·图表 1·

外婆家的"动物园"

〔韩〕李知悬 / 著　〔韩〕李南九 / 绘　江凡 / 译

云南出版集团 晨光出版社

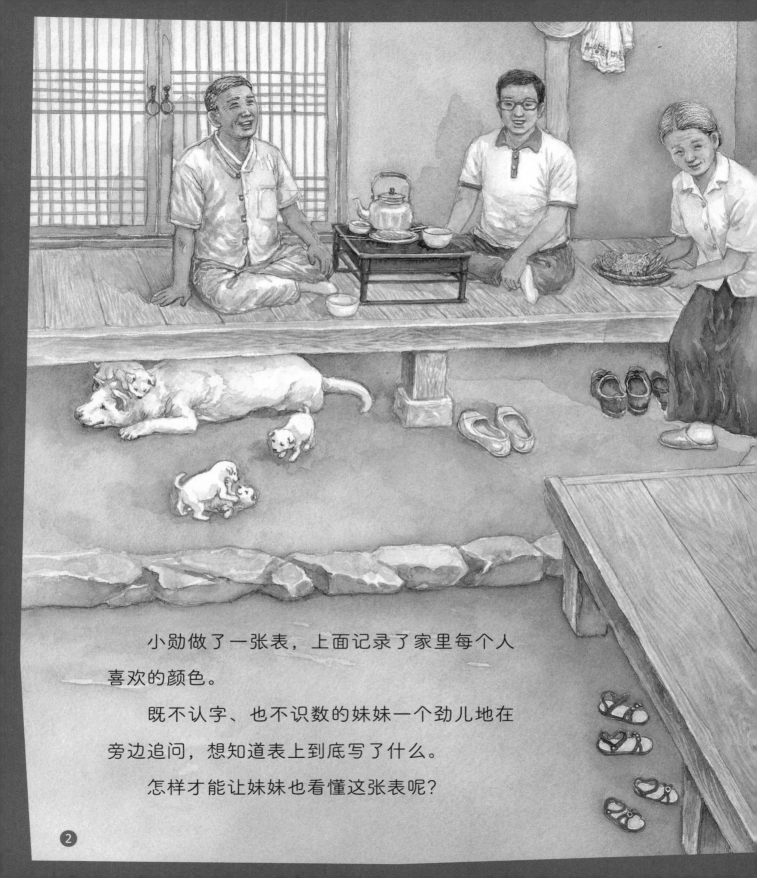

小勋做了一张表，上面记录了家里每个人喜欢的颜色。

既不认字、也不识数的妹妹一个劲儿地在旁边追问，想知道表上到底写了什么。

怎样才能让妹妹也看懂这张表呢？

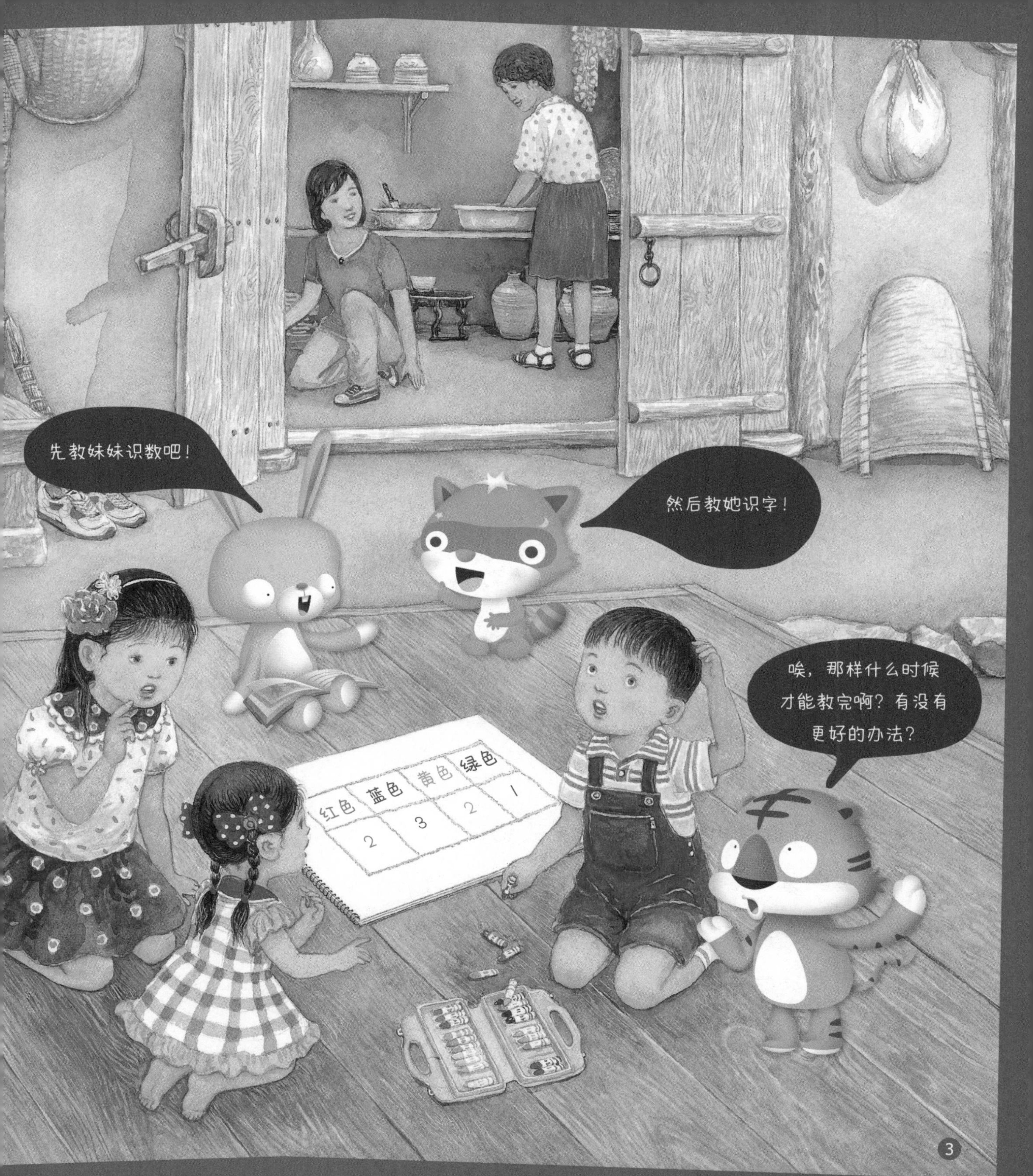

先教妹妹识数吧！
然后教她识字！
唉，那样什么时候才能教完啊？有没有更好的办法？
红色
蓝色
黄色
绿色
2
3
2
1

　　小勋住在韩国首尔，这个暑假，他打算去外公外婆家，听说住在大邱的大姨也要去。

　　"小莉姐姐和小雅妹妹也会去吧？"

　　去年暑假，他们3个人在一起玩得特别开心。而且，外婆家有很多很多动物，就像个"动物园"，实在是太好玩儿了！哎呀！光是想想就觉得激动。小勋看着去年拍的照片，忍不住笑了起来。

　　"小勋，收拾好东西赶快下来，再不出发就晚了！"

　　"来喽！"

远离了城市，车窗外的风景也不一样了。

"1，2，3，4……" 小勋摇下车窗，认真地数着什么。

爸爸笑着问道："小勋，你在数什么呀？"

"我在数是红色的屋顶多还是蓝色的屋顶多。可是好像都差不多，我也数不清了。"

妈妈看着小勋，温柔地说："你可以先在本子上写下两种颜色，然后一边数，一边记，这样马上就能知道哪种颜色的屋顶更多了。"

小勋按照妈妈说的方法记录着，不知不觉，外公外婆家就到了。

"哎哟，快进来，天气这么热，一路辛苦啦。"外公和外婆在门口迎接小勋一家。

"汪汪！汪汪！"原本卧在廊檐下的白狗也兴奋得叫了起来。白狗的身边还趴着 4 只正在吃奶的小狗。

"哇，大白当妈妈啦！"

没过多久，大姨带着小莉姐姐和小雅妹妹来了。

"小勋，好久不见！"比小勋足足高了半个头的小莉从车上跳下来，跟小勋打招呼。

可是，顾不上问好，小勋大声喊道："姐姐，大白生小狗啦！"

"真的吗？让我看一看！"孩子们呼啦啦地跑过去，围在一起看大白给小狗喂奶。

看了一会儿，他们又跑到房子后面的牛圈去了。

几头大牛的旁边还有 2 头小牛。

"小牛，到这儿来！"小勋拿着一把干草逗小牛。

小牛好像听懂了似的，朝这边走了过来。

小雅觉得很有意思，也开始逗小牛："哞，哞，小牛，到我这边来！"

这时，从厨房传来外婆的声音。

"孩子们，帮我去鸡窝里拿3个鸡蛋过来。"

大家争先恐后地朝鸡窝跑去。鸡群还以为孩子们是来喂食的，一边拍打着翅膀鸣叫着，一边朝他们扑了过来。

"妈呀！"小雅大叫着逃跑了。

即便这样，孩子们还是觉得外公外婆家有意思极了，因为他们可以看到平时在城市里看不到的动物。

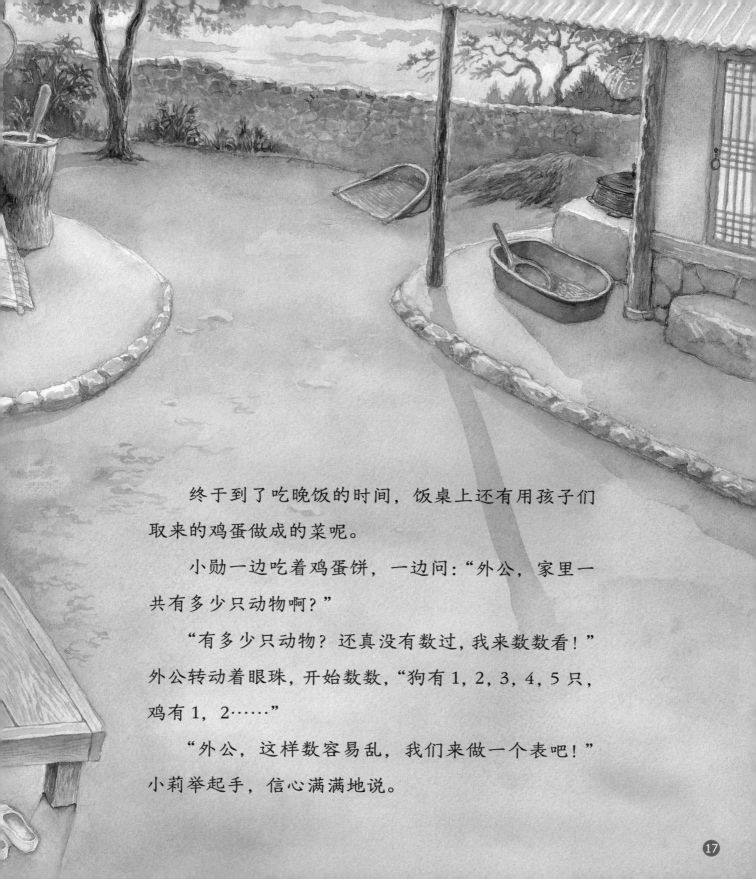

终于到了吃晚饭的时间，饭桌上还有用孩子们取来的鸡蛋做成的菜呢。

小勋一边吃着鸡蛋饼，一边问："外公，家里一共有多少只动物啊？"

"有多少只动物？还真没有数过，我来数数看！"外公转动着眼珠，开始数数，"狗有1，2，3，4，5只，鸡有1，2……"

"外公，这样数容易乱，我们来做一个表吧！"小莉举起手，信心满满地说。

小莉在图画本上画了一个表格。

"外公，牛一共有几头？"

"算上小牛一共 4 头。"

"那鸡呢？"

"鸡有 10 只。"

"狗呢？"

"大白生了 4 只小狗，所以加起来一共是 5 只。"

小莉熟练地在表里记上了数字。

小莉把表里的数字全部加了起来，"我知道啦！一共有 19 只动物。"

一旁的小雅突然提出了疑问，"可是，哪种动物最多呢？"

小勋赶紧抢着说："一看就知道，当然是鸡最多！"

小雅现在还不识字，她歪着脑袋，盯着表格看了一遍又一遍，还是看不懂。

动物	牛	鸡	狗	合计
数量	4	10	5	19

"那么，为了让小雅也能看懂，我们来画个图表吧！"爸爸把纸翻了个面儿，画起图表来。

他在动物的名字上方画上图案，又用圆圈来代替数字。

"哇，果然一眼就看懂啦！"小勋忍不住鼓起掌来。

爸爸耐心地给小雅讲解："看见这些动物的图案了吗？再看上面圆圈的个数，圆圈的个数越多，表示动物的数量越多。"

"鸡的圆圈最多，所以鸡最多！"小雅指着鸡的图案，飞快地答了出来。

23

到了晚上，大家一起朝瓜棚走去。星星一闪一闪的，像是马上就要掉下来一样。

爸爸提着西瓜走在最前面。小勋紧紧地跟在爸爸后面，顽皮地敲着西瓜。

他突然停下，向大家提议道："我们来调查一下哪个季节最有人气吧！"

小雅脱口而出："我最喜欢夏天！"

大家也陆续说出了自己最喜欢的季节。

"当然是凉爽的秋天！"外公刚说完，爸爸也表示赞同。他们俩都不喜欢炎热的夏天。

喜欢鲜花的妈妈和大姨最爱春天。外婆喜欢会让后山覆盖着皑皑白雪的冬天。

轮到小莉了，她思考了很久，说："我喜欢可以玩水的夏天！"

小勋把大家最喜欢的季节都记了下来。

"春天2票，夏天2票，秋天2票，冬天1票。"

现在，大家都把目光投向了还没投票的小勋。

小勋笑着咬了一口西瓜，说："我最喜欢可以天天吃西瓜的夏天！"

瓜棚里传来阵阵欢笑声。

为了让小雅也能看懂，小勋又画了一个图表。

"小雅啊，这是条形图，你能看出哪个季节最有人气吗？"

"夏天的格子最长，所以夏天最有人气！"小雅兴奋地回答道。

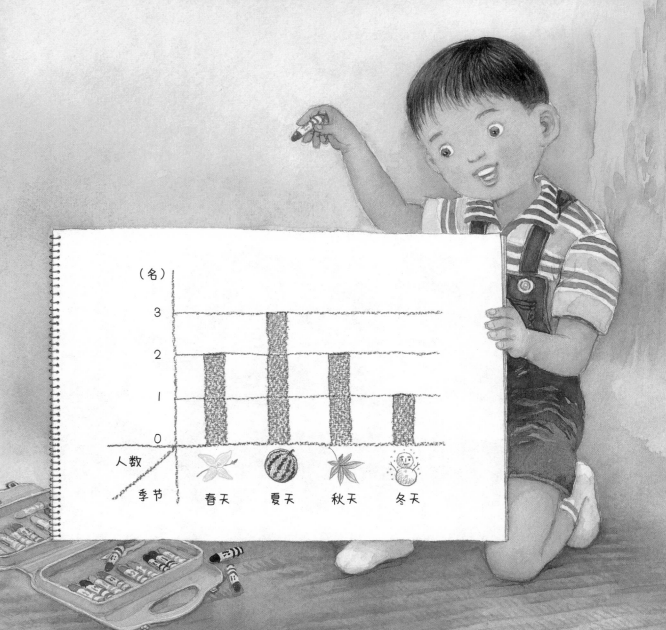

"哈哈，谁家的姑娘声音这么洪亮啊？"

"哎哟，图表真是看一眼就明白了！"

"孩子们可真聪明……"

大人们你一句，我一句地说着话。

外婆笑眯眯地看着这群可爱的孩子。

这个盛夏的夜晚就这样愉快地过去了。

让我们跟小勋一起回顾一下前面的故事吧!

　　我调查了家人们最喜欢的季节。如果想一眼就看明白调查结果，我们应该怎么做呢?

　　我先做了一个表格，写上喜欢每个季节的人数。为了让不认识字的小雅也能看明白，我又做了一个彩色条形图，画上了代表季节的图案，用格子的长短表示数量。

　　那么接下来，我们就深入了解一下图表吧。

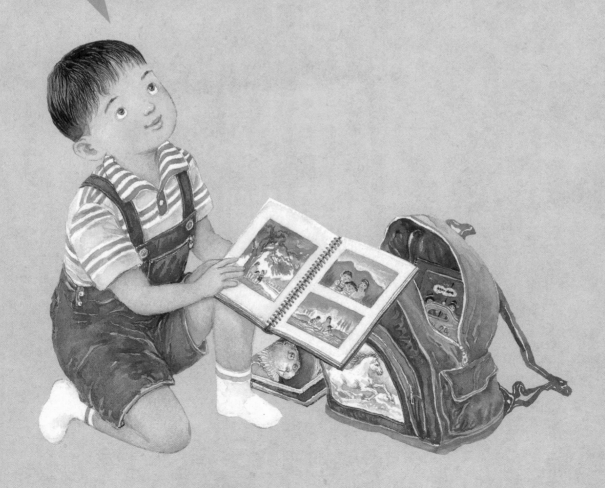

数学面对面

认识图表

阿虎不知道该为班上的茶话会准备什么食物。我们先来调查一下同学们都喜欢哪些食物吧。

调查结束后，阿虎还是没有找到答案。如果想一眼就看出大家最喜欢什么食物，他应该怎么做呢？

这时，我们可以做一个表，看看喜欢每一种食物的同学各有几名。

喜欢每种食物的学生人数

食物	比萨	汉堡	水果	零食	烤鸡	合计
学生人数（名）	5	6	2	3	4	20

像上面这样，对调查后得到的数据进行整理，并能一目了然地展示出来的工具就叫作"表格"。先确定表格行和列分别有哪几项，数好每一项的数量，再在表格里展示出来就可以了。

接下来，我们对照上面的表格来做一个图表。某种食物有几名学生喜欢，就在它上面的格子里画上相应数量的○。

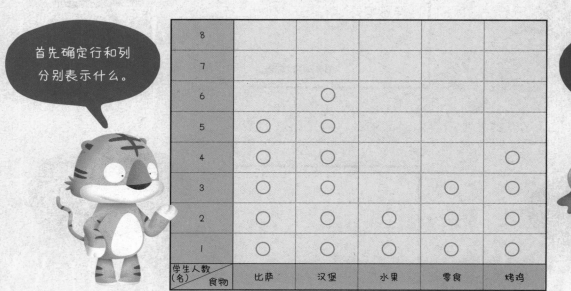

首先确定行和列分别表示什么。

行表示零食的种类，列表示学生人数。

像这样用图表来展示数据，一眼就能看得很清楚，也很容易对比出哪种食物最受欢迎，哪种食物喜欢的学生最少——喜欢汉堡的人数最多，喜欢水果的人数最少。

用表格来展示调查的内容，人们很容易就能知道各个项目的数量。用图表的话，则一眼就能比较出各个项目之间的差别。根据调查内容的不同，适用的图表种类也不同。我们先来了解一下条形图吧。

先用表格来展示学生们喜欢的运动。

喜欢的运动	跳绳	足球	游泳	跆拳道	跑步	排球	合计
学生人数（名）	8	9	2	1	6	5	31

现在，我们用条形图来体现这个表格的内容。画条形图的时候，首先确定行和列中的哪一个用来表示调查的数据。

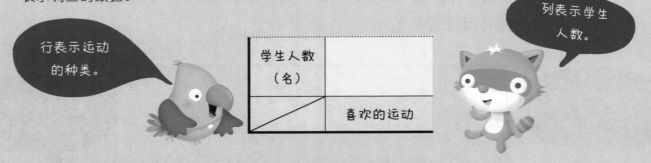

行表示运动的种类。

列表示学生人数。

接下来，根据调查的各项内容中最大的数，确定格数的多少。

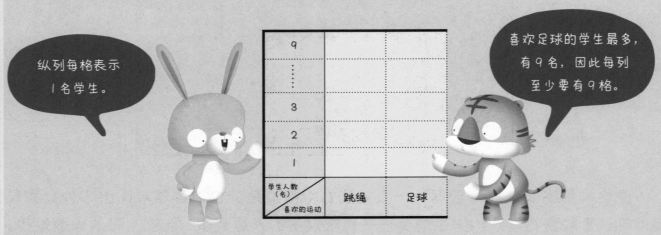

纵列每格表示1名学生。

喜欢足球的学生最多，有9名，因此每列至少要有9格。

下面是根据调查数据画出的条形图，最后再加上一个合适的标题就可以了。

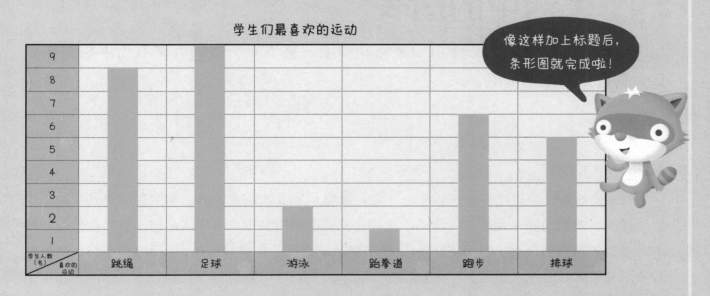

学生们最喜欢的运动

通过条形图，我们直接就能比较出每个项目数量的多少，非常方便。喜欢足球的人最多，喜欢跆拳道的人最少。

好奇心一刻

折线图是什么？

折线图是将调查数据用点表示出来，然后再用线将点依次连起来的图表。条形图用于对比各项目数值的大小，而折线图则用于展示一定时间段里数量或数值的变化。比如在记录人的体重时，想要展示不同年龄段的体重变化，用折线图会更直观一些。

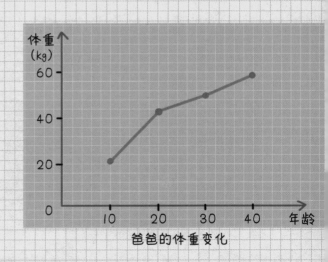

爸爸的体重变化

生活中的图表

生活中的许多领域都会用到表格和图表。接下来，我们就来看看表格和图表是如何被广泛应用的吧。

社会

降水量有多少?

降水量是指一定时间内某区域的雨、雪、冰雹和雾等液态或固态的水降落的总量。同一个区域在不同时期的降水量是不一样的。比如，观察下图中某地区一年内的降水量，我们发现降水量最少的月份是 3 月，只有 68mm，降水量最多的月份是 9 月，达到 150mm。这些数据通过条形图展示出来，清晰明了，便于比较。我们还可以借此预测该地区明年各个月份的降水量。

气温怎么样?

气温就是用温度计测出的大气温度的值。为了能对比出各时期的气温变化，我们通常会借助于折线图。下图中，平均气温最高的月份是 8 月，最低的月份是 1 月。

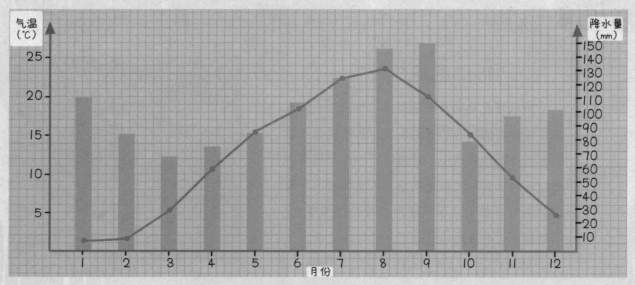

▲ 某地区一年内的降水量和气温

语文

论点和论据

论点是针对某个问题提出的观点，论据是支撑该观点的依据。我们提出论点的时候，需要确实的论据，这样才具有说服力。比如提出"某个地方从事农业和渔业的人口非常少"这个论点时，如果能像右图一样，通过图表展示出这个地方各行业就业人口的数量，就能使这一论点更有说服力。

科学

温度差

试着测量一下学校教室的室内和窗边、运动场、树荫下、主席台和教学楼背面的温度。通过测量，我们马上就能知道每个地方的温度都不一样。如果是晴朗的夏天，像教室的窗边、运动场和主席台这样太阳直射又没有风的地方，温度就会高一些；而教室里、树荫下和教学楼的背面，温度就会低一些。下面的条形图，就体现出太阳照得到和照不到的地方的温度差异。

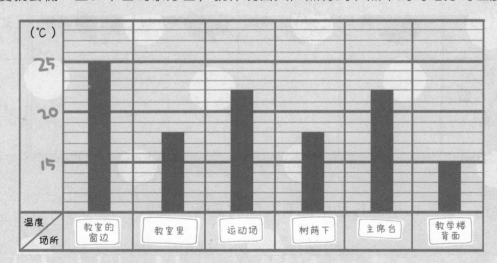

人气旅行地是哪里

我们调查了同学们暑假最想去的旅行地。观察图片后进行统计，在表格里填上对应的人数吧！

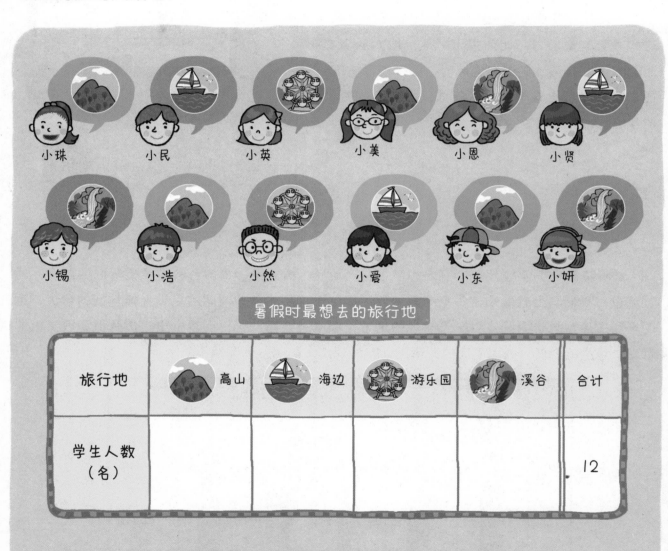

暑假时最想去的旅行地

旅行地	高山	海边	游乐园	溪谷	合计
学生人数（名）					12

请你说一说，四个旅行地中最有人气的是哪个呢？

钓了几条鱼 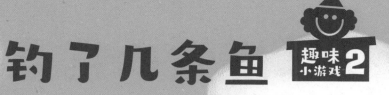 趣味 小游戏 2

观察下面展示钓鱼数量的表，再在图表中画出相应数量的〇，完成图表。

钓到每种鱼的数量

种类	鲫鱼	鲫鱼宝宝	鲤鱼	鲤鱼宝宝	鲶鱼	鲶鱼宝宝	合计
鱼的数量（条）	5	3	4	2	3	1	18

5	〇					
4	〇					
3	〇					
2	〇					
1	〇					
数量（条）＼种类	鲫鱼	鲫鱼宝宝	鲤鱼	鲤鱼宝宝	鲶鱼	鲶鱼宝宝

趣味 小游戏 3 好吃的糕点

　　用条形图来展示外婆做的糕点的数量。观察图表后翻到 43 页，如果盖布上的描述正确，请跟着 ➡ 走，如果描述错误，请跟着 ➡ 走。到达终点后，请沿黑色实线剪开 43 页最下方，并翻折起来查看是否回答正确。

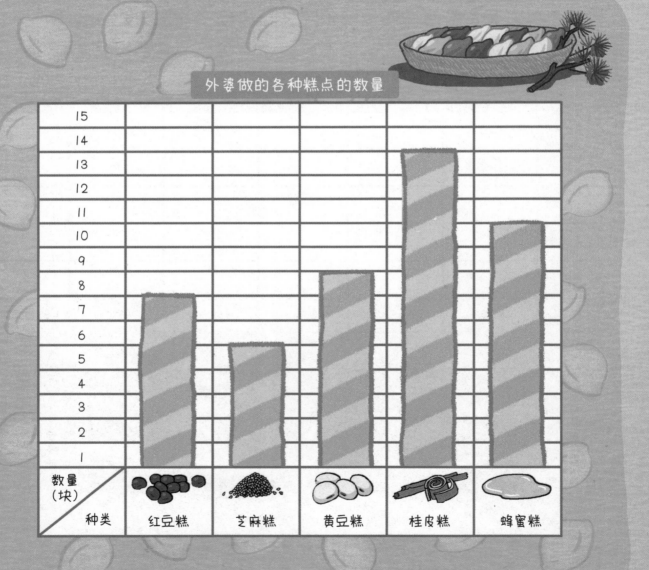

外婆做的各种糕点的数量

数量（块）／种类	红豆糕	芝麻糕	黄豆糕	桂皮糕	蜂蜜糕
15					
14					
13					
12					
11					
10					
9					
8					
7					
6					
5					
4					
3					
2					
1					

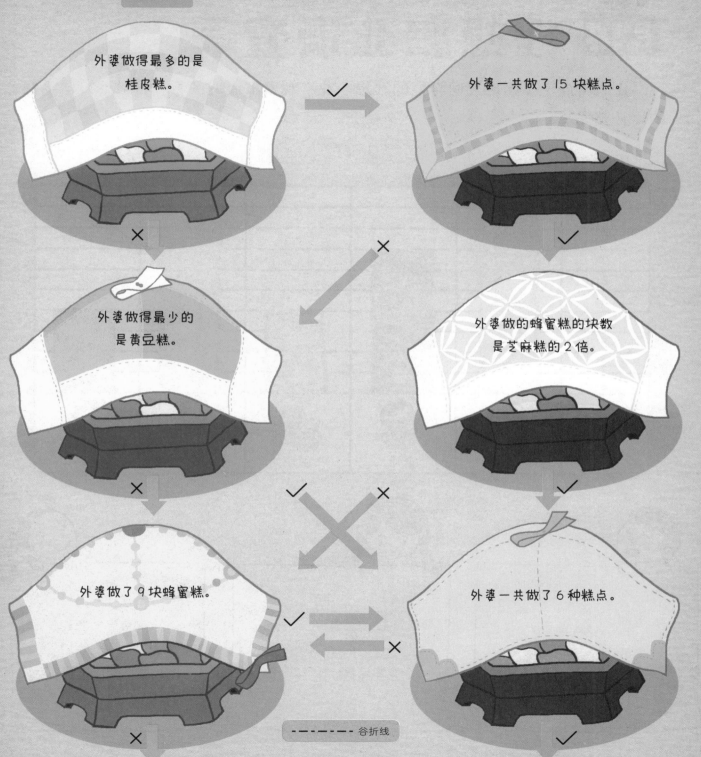

出发

外婆做得最多的是桂皮糕。

外婆一共做了 15 块糕点。

外婆做得最少的是黄豆糕。

外婆做的蜂蜜糕的块数是芝麻糕的 2 倍。

外婆做了 9 块蜂蜜糕。

外婆一共做了 6 种糕点。

------ 谷折线

趣味小游戏4 理想职业调查表

我们调查了小勋班上同学们的理想职业。观察下面的图表，将最下方同学们的话补充完整。

同学们的理想职业

学生人数（名）＼理想职业	科学家	老师	厨师	医生	警察
10					
9					
8					
7					
6					
5					
4					
3					
2					
1					

想成为 _____ 的学生

最多。

想成为 _____ 和 _____

学生人数一样多。

8名学生将来的

理想是成为 _____。

动物农场

趣味小游戏5

用表格来展示动物农场中各种动物的数量。沿黑色实线剪下表格下方的两个图案，粘贴成一只长颈鹿，然后按照表里的数字给长颈鹿身上的表格涂色，其中1到10的颜色已经涂好了。

动物农场中各种动物的数量

动物	🐷 猪	🐰 兔子	🐴 马	合计
数量	18	20	15	53

外婆家的动物

完成前一页的图表后，再来做一个条形图吧！先把前面的故事里，小勋外婆家的动物数量填在表格里，再给上页剪下的长颈鹿身上的表格涂色。

外婆家动物的数量

动物	🐶 狗	🐄 牛	🐔 鸡	合计
数量		4		

6			
5			
4			
3			
2			
1			
数量＼动物	狗	牛	鸡

10			
9			
8			
7			

粘贴处

阿虎的演讲稿

阿虎做了一个条形图，用来展示朋友们喜欢的运动。阿虎准备拿着这张图在朋友们面前演讲，请根据条形图展示的内容，帮阿虎完成演讲稿吧。

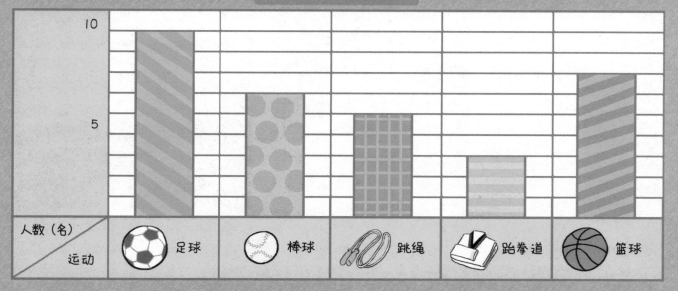

朋友们喜欢的运动

我调查了一下朋友们喜欢的运动。首先，喜欢人数最多的

运动是

参考答案

40~41 页

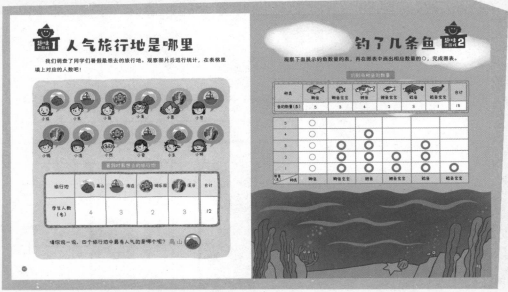

42~43 页

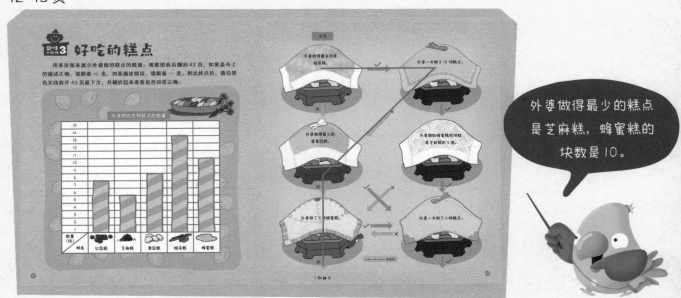